Michael Müller
Fabian Meysing

Große Ladekranfahrzeuge

Band 4

Verlag Podszun-Motorbücher GmbH
Elisabethstraße 23-25, D-59929 Brilon
Herstellung Druckhaus Cramer, Greven
Internet: www.podszun-verlag.de
E-mail: info@podszun-verlag.de
ISBN 978-3-86133-840-6

Michael Müller
Fabian Meysing

Große Ladekranfahrzeuge

Band 4

PODSZUN

VORWORT

Vor Ihnen liegt nun ein weiterer Band interessanter Ladekranfahrzeuge. Dieses Mal führten uns die Reisen schwerpunktmäßig nach Holland sowie in die Schweiz.

Die anfänglich noch als Hubhilfe belächelten Krane haben mittlerweile eine riesige Verbreitung erfahren. Auch in Deutschland hält der Trend zum Einsatz solcher Fahrzeuge weiterhin an, obwohl der Abstand zu den traditionellen Ladekranfahrzeugländern wie Österreich, Schweiz, Holland und Dänemark noch riesig ist und dort schon ein jahrzehntelanger Vorsprung vorherrscht. So gibt es zum Beispiel in der Schweiz Gärtnereien, die einen vierachsigen Ladekran Lastwagen mit Kipppritsche betreiben, wie wir es in Deutschland noch nicht gesehen haben.

In Holland findet seit kurzem sogar eine Messe nur für Ladekran Lastwagen statt, mit stetig wachsender Beliebtheit und einer Vielzahl von Ausstellungsfahrzeugen, sodass das Messegelände schon zu klein ist. Hier sind auch einige Bilder entstanden.

Wir möchten uns für die große Mithilfe bei Freunden und Firmen zur Erstellung dieses Buches recht herzlich bedanken. Oftmals wurde extra das Fahrzeug in Fotoposition gefahren.

Wir wünschen nun viel Erkundungsspaß beim Betrachten der Bilder, und wie immer gilt, bis auf ganz wenige Ausnahmen ist jedes Fahrzeug ein Einzelstück, auch irgendwie bewundernswert. Das zeigt die hohe Kreativität der Fahrzeugaufbauer sowie die individuellen verschiedenen Kundenwünsche, die erfüllt werden wollen.

Fabian Meysing und Michael Müller
Bielefeld und Stederdorf im Juni 2017

INHALT

Alte Ladekranfahrzeuge

Diese beiden Saurer sind Fahrzeuge aus einer vergangenen Zeit. Trotzdem haben sie bis jetzt überlebt. Der erste ist bei Sammlern untergestellt, der zweite muss noch ab und an seinen Dienst versehen

Bilder Müller

Oben und links: Bei Arminger war einmal dieser MAN 27.361 eingestellt. Aufgebaut war ein Berger Gigant Kran. Unter diesem Namen verkaufte Effer zu Anfang die Krane in Österreich

Bilder Müller

Unten: Dieser Volvo F12 hat einen Effer Ladekran montiert

Bild Böcher

Weitere Fahrzeuge mit Ladekranen und „Charakter", die leider dem Fortschritt der Energieersparnis sowie den einfacheren Fertigungsmethoden zum Opfer gefallen sind. Ebenfalls sind die eingeführten Umweltzonen nicht zu vergessen. Eigentlich schade, da die Technik noch top funktioniert und teilweise zuverlässiger arbeitet Bilder Urweider (oben und Mitte), Böcher (unten links), Thum (unten rechts)

Zweiachsige Ladekranfahrzeuge

Mercedes Actros 2043 unterwegs in der Schweiz mit Fassi Aufbaukran 430. Der Kran weist eine robuste Abstützung auf

Bilder Böcher

Unimog U 500 mit Palfinger Ladekran PK 27002 und Vorbauwinde, im Leitungsbaueinsatz
Bilder Meysing

Der Freileitungsbau von Hochspannungsleitungen ist ja ein hochaktuelles Thema in Deutschland. Spezialfirmen mit entsprechendem Equipment fahren in teilweise sehr schwer zugängigem Gelände umher. In der Regel handelt es sich um Allradfahrzeuge. Dieser Actros ist für die Firma ea.R mit einem Abwickelanhänger unterwegs. Aufgebaut ist ein Hiab 244 Ladekran Bilder Schadler

Dreiachsige Ladekranfahrzeuge

Das bekannte Fahrzeug von Peter nun in der anderen Aufbaulösung. Aufgebaut ist eine Pritsche und der Palfinger Heckkran vom Typ 16502. Durch die gelenkte Hinterachse ist das Fahrzeug sehr wendig. Der absetzbare Heckkran ist übrigens in nicht einmal zehn Minuten angebaut. Das kann natürlich auch an dem sehr gut eingespielten Chauffeur liegen (siehe auch Seite 22)

Bilder Müller

Auch zum Kranballasttransport wird dieser Actros 2648 der Firma Bruns eingesetzt. Aufgebaut ist ein Palfinger PK 23002 Ladekran. Durch den Ladekran ist die Sattelplatte des Aufliegers auf die zweite Hinterachse zurückgewandert

Bilder Meysing

SAG Leitungsbau kann mit diesem Actros 3344 6x6 auch in schwer zu befahrendem Gelände an die erforderlichen Arbeitsplätze kommen. Aufgebaut ist ein Palfinger PK 34002 – SH D mit Power Link Plus. Traglastwerte sind 6900 kg/4,4 m und 1800 kg/14,4 m

Bilder Meysing

Oben: Die Scania G 490 sind meistens unterwegs im schweizerischen Stadtverkehr. Mit dem gelenkten einachsigen Auflieger ist das Fahrzeug immer noch sehr wendig. Der Kran reicht über die gesamte Ladefläche des Aufliegers, seine Hubwerte sind 9500 kg/3 m und 1700 kg/14,6 m. Auffällig ist die hintere an beiden Achsen montierte Zwillingsbereifung. Am zweiten Scania ist die hintere Achse einfach bereift, der Kran verfügt auch über eine Hakenwinde Bilder Müller

Links und unten: Der Volvo FH12 ist bei einem Schaustellerbetrieb beheimatet und wird zum Auf- und Abbau eines Riesenrades eingesetzt. Auffällig ist die aus Platzgründen hochgesetzte Abgasanlage Bilder Müller

Ein holländischer Scania mit kurzem Fahrgestell, aufgebauter Sattelplatte und einem aufgebauten Palfinger PK 42002 – SH der Firma Martens sowie ein Actros 2540 mit langem Chassis der Firma Vereijken Transport mit baugleichem Kran

Bilder Meysing

Bei Klaus Neusel aus Wetter nahe Marburg ist dieser MAN beheimatet. Er wurde mal als Gebrauchtfahrzeug aus Schleswig-Holstein erworben. Durch einen Reifenplatzer vorn hatte das Fahrzeug einen Ritt auf der Mittelleitplanke hinter sich und war kurz vor einem Totalverlust, siehe unteres Bild. Aber die Firma Neusel hat das Fahrzeug sowie den Kran generalüberholt, es ist jetzt wieder in einem fast neuwertigen Zustand

Bilder Jung

Oben: Bei der Firma Oberhofer in Österreich war einmal dieser MAN TGA im Einsatz. Aufgebaut ist ein Palfinger PK 50002 Ladekran. Das Fahrzeug war in dieser Achskonfiguration nach der Aussage des damaligen Betreibers schon ein Umbau, da MAN diese Type nicht mehr im Lieferprogramm hatte. Das Fahrzeug befindet sich mittlerweile im Fuhrpark der Firma Felbermayr Bilder Müller

Rechts und unten: Ein PK 52002 – SH ist bei Rademaker & Zn auf einem Scania R 440 aufgebaut Bilder Meysing

Spanien/Baskenland: Bis zu 45 t schwere Komponenten für ein Gaskraftwerk müssen zu einer schwer erreichbaren Baustelle gebracht werden. Die Zufahrt ist extrem steil und hat eine Spitzkehre, für normale Tieflader unerreichbar. Daher wird am Fuß der Steigung auf ein vierachsiges Goldhofer-Modul umgeladen und eine gesattelte MAN F 2000 Evo 33.464 DFAS 6x6 mit einem aufgebauten Palfinger PK 54000 von der Firma Gruas Goiherri schiebt die ganze Fuhre rückwärts die Steigung hoch. Gezogen wird auf der anderen Seite noch mit einem MAN TGA 8x8 Kranwagen

Bilder Böcher

Ein besonderes Fahrzeug ist dieser MAN TGS 28.480 Euro 6 der schweizerischen Firma Werner Looser GmbH. Er hat einen Palfinger PK 65002 – SH G mit Lastmomenten von 12500 kg/4,2 m und 2100 kg/20,2 m, der mittig über die beiden hinteren Achsen aufgebaut ist. Durch die gelenkte hintere Achse ist das Fahrzeug sehr wendig

Bilder Müller

Der MAN TGS 28.480 Euro 6 hat eine nur kleine Ladeplattform und verfügt über eine zusätzliche Heckabstützung

Bilder Müller

Das älteste Pferd im Stall der Firma Egger ist hier mit dem zur Zeit der Entstehung des Bildes neuestem Pferd unterwegs. Der Mercedes Benz Actros 2643 mit Fassi Ladekran F 300 XP versieht auch nach Jahren zuverlässig seinen Dienst. Seine Hubwerte sind 9500 kg/2,3 m und 1900 kg/12,35 m. Transportiert wird der neue Hallenkran, ein Erkin ER 105000, betriebsintern ESK 30, aufgebaut auf einem Greiner-Selbstfahrer, mit einem dreiachsigen Goldhofer-Anhänger. Der Kran wird in der Halle mit einem Elektromotor emissionsfrei betrieben. Das Gerät eignet sich hervorragend für Maschinenmontagen in beengten Hallen und weist für seine Größe gewaltige Hubwerte auf: 23 800 kg/ 4,6 m und 4800 kg/14,5 m

Bilder Müller

Aus der Schweiz wurden uns diese schönen Bilder zur Verfügung gestellt. Bei diesem Fahrzeug handelt es sich um ein wahres Multitalent mit vielfältigen Einsatzmöglichkeiten. Hier ist der große Fassi Kran vom Typ 1100 montiert. Wenn er auf den Stützen abgestellt wird, kann auf dem Fahrzeug eine Pritsche aufgebaut und ein kleiner Palfinger Ladekran als Heckgerät (siehe Seite 11) angebaut werden. Ebenso kann das Fahrzeug auch als Sattelzugmaschine eingesetzt werden. Hier ist es bei Arbeiten an einer Seilbahnstütze im Einsatz

Bilder Markus Schuhmacher

Auf der dänischen Fahrzeugmesse in Herning war dieser neue Scania mit HMF Ladekran 4020 ausgestellt. Das tadellos gefertigte Fahrzeug verfügt auch über eine anbolzbare vierte Achse Bilder v. Urk

Blaauw Transport aus Werkendam/Niederlande hat diesen Scania mit einem HMF 6040 im Fuhrpark. Eingesetzt wird er im Sattelaufliegerverkehr. Hubwerte 12 630 kg/4,3 m und 4460 kg/11,8 m

Bilder Meysing

Neu ist dieser Scania im Erscheinungsbild der Firma Lammers BV aus Vlijmen/Niederlande. Unter der Ladefläche ist jeder Zentimeter mit Staufächern belegt. Aufgebaut ist ein Effer 525, der auf Höhe des Außenrahmens der Ladefläche harmonisch integriert ist

Bilder Meysing

Dieser Actros 3348 steht wegen seinem Allradantrieb hoch auf den Rädern. Auffällig ist die Single-Bereifung an allen Achsen. Eine Vorbauwinde ist am Fahrzeug vorhanden. Aufgebaut ist ein Atlas Ladekran vom Typ 240.2, er hat ein Lastmoment von 4320 kg/4,7 m und 900 kg/16,50

Bilder Hummel

Weiße Lkw im weißen Element… Diese beiden Fahrzeuge haben den baugleichen Ladekran, einen Hiab 192 aufgebaut. Ihr Einsatzgebiet ist die Baustellenversorgung, wofür sie sich hervorragend eignen

Bilder Müller

„Der Chef persönlich" steht an diesem MAN TGS 28.400 angeschlagen. Einsatzgebiete sind die Versorgung von diversen Baustellen und Transporte. Aufgebaut ist ein Hiab 211 E – 6 Hipro Ladekran mit Hubwerten von 3900 kg/4,2 m und 780 kg/16 m

Bilder Hummel

Ein weiteres Spezialfahrzeug eines Leitungsbauunternehmens ist der 6x6 Arocs mit Hiab Ladekran 244 mit vorderer Sternabstützung. Das Besondere an diesem Zug ist der vierachsige Spezialtieflader. Er kann die Leitungsdrahtrolle über einen Windenantrieb selbsttätig abwickeln

Bilder Müller

Ein imposantes Fahrzeug ist der 6x6 Arocs. Durch die Abstützung ist die Pritsche entsprechend hoch aufgebaut Bilder Müller

Dieser österreichische MAN ist mit einer mittlerweile selten gewordenen Achskonfiguration im Einsatz. Neben der abnehmbaren Pritsche ist auch eine Sattelplatte auf dem Fahrzeug aufgebaut. Durch die vordere Frontabstützung hat der Hiab 700 Ladekran 360 Grad Einsatzradius

Bilder Böcher

Vierachsige Ladekranfahrzeuge

Im letzten Band „Große Ladekranfahrzeuge“ wurden die beiden Tatra Phönix 8x8 für den Norddeutschen Küstenschutz beschrieben. Hier nun der dritte im Bunde, mit Abvollmulde. Das Fahrzeug erhält momentan eine Ölabsaugeinrichtung. Aufgebaut ist ebenfalls ein PK 41002 EN Ladekran

Bilder Müller

SAG Leitungsbau hat für schwer befahrbares Gelände diesen Actros 4148 8x8 mit großer Einzelbereifung im Einsatz. Aufgebaut ist ein PK 42002 SH – F mit Power Link Plus, die Traglasten sind 8100 kg/ 4,8 m und 1500 kg/18,8 m

Bilder Meysing

Bei Fahrten mit dem Actros 4148 8x8 im sandigen Gelände kann zur besseren Traktion die Luft abgelassen werden. Gefüllt wird mit einer am Fahrzeug befindlichen Reifenfüllanlage (siehe Seite 33)

Bilder Meysing

Neu im Fuhrpark der Firma Urs Huber ist dieser MAN und Palfinger PK 42002 – SH E Kran. Eine mit Alubordwänden gestaltete Kipppritsche rundet das gefällige Erscheinungsbild dieses Fahrzeuges ab

Bilder Müller

Fast zu schade für die tägliche Arbeit… Der Kran verfügt auch über einen Jib Typ PJ 080 C mit DPS Plus. Die hintere Achse ist lenkbar, so ist das Fahrzeug sehr wendig. Die Hubwerte betragen 8400 kg/4,2 m und 2050 kg/15,5 m

Bilder Müller

Dieser Volvo FM 460 mit der Achsfolge 1+3 hat einen heckseitig aufgebauten Palfinger Ladekran vom Typ 53002 – SH. Bemerkenswert sind die beiden Anhängerkupplungen am Heck

Bilder Meysing

Ein Scania P 410 mit Palfinger PK 53002 – EH G und langer Pritsche. Hubmomente am Kran: 10 400 kg/ 4,5 m und 2450 kg/ 16,4 m

Bilder Meysing

Ebenfalls ein Scania der Firma Grinsven BV mit einem PK 63002 – EH G Power Link Plus und Lastmomenten von 12 000 kg/4,4 m sowie 1940 kg/20,3 m. Das Fahrzeug verfügt über zwei Frontabstützungen und eine aufgebaute Sattelplatte

Bilder Meysing

Oben: Auch bei Max Bögl sind Ladekranwagen im Einsatz. Hier ein MAN TGS 35.480 mit Palfinger PK 65002-2 SHE Power Link Plus, 13 400 kg/4 m und 3100 kg/15,9 m

Bild Hummel

Rechts und unten: Und ein weiterer Volvo aus Holland. Er hat ebenfalls einen PK 65002 aufgebaut

Bilder Meysing

Dieses „monströse" Fahrzeug wurde extra für uns in Szene gesetzt. Es handelt sich um einen MAN TGS 41.480 8x8 der Firma SAG Bau. Die Winterlandschaft ist passend, denn Allradantrieb und die große Singlebereifung mit grobem Profil tragen dazu bei, dass trotz der dicken Schneedecke jeder Ort zu erreichen ist. Eingesetzt wird das Fahrzeug unter anderem im Freileitungsbau von Stromleitungen. Als Kran dient ein Palfinger PK 65002 – SH F mit Power Link Plus. Hubwerte: 12 900 kg/4,4 m und 2500 kg/18 m

Bilder Meysing

MAN TGS 41.480 8x8 der Firma SAG Bau mit Palfinger PK 65002 – SH F Kran mit Power Link Plus. Auf der Pritsche befinden sich diverse Anschlagmittel, an der Stirnwand ist ein pneumatisch ausfahrbarer LED-Lichtmast montiert

Bilder Meysing

Ein auffälliges Farbkleid haben die Fahrzeuge der Firma Eberle aus der Schweiz. Hier ein Renault Premium 460 mit Palfinger PK 65002 – SH F und Jib PJ 100 D. Lastmomente am Jib: 3100 kg/24,4 m und 740 kg/32 m

Bilder Müller

Oben: Auf dem Weg zu seinem neuen Besitzer wurde dieser Scania 143 E mit 500 PS auf der Überführungsfahrt bei einer Rast entdeckt. Als Ladekran ist ein PK 66000 E montiert

Bilder Meysing

Rechts und unten: Bei der österreichischen Dachdeckerfirma Forkl ist dieser Scania zu Hause. Als Ladekran dient ein PK 72002

Bilder Meysing

Wagenborg im Einsatz nahe Peine. Der Palfinger Ladekran PK 72002 ist auf einem DAF 105.510 aufgebaut und mit einem zweiachsigen Semitieflader unterwegs

Bilder Meysing

In Frankreich vor die Linse gefahren … Die Firma Mediaco unterwegs mit einem MAN TGS 35.440, gefahren wird ein größerer Stapler und montiert ist ein PK 72002

Bild Müller

Der gleiche Krantyp ist auch bei Wertz im Einsatz

Bilder Meysing

Die Fahrzeuge der Firma Käppeli Logistik aus der Schweiz machen einen sehr gepflegten Eindruck. Vor einer tollen Kulisse konnte dieser Scania abgelichtet werden

Bilder Müller

Die Pritsche des Käppeli-Scania ist abnehmbar und dann ist das Fahrzeug auch als Sattelzugmaschine einsetzbar. Das Fahrzeug hat als Ladekran einen Palfinger PK 78002 – SH E mit Power Link Plus und einen Jib PJ 170 E mit DPS Plus. Hubwerte: 16 100 kg/4,4 m und 3950 kg/16,1 m sowie am Jib 4600 kg/23 m und 1000 kg/30 m

Bilder Müller

Für das in Hannover ansässige Kranunternehmen Nolte ist dieses Fahrzeug, ein MAN TGS 35.480 unterwegs. Neben dem Transport von Kranzubehörteilen wird es auch zum Verlegen von Baggermatten beim Fahrwegsausbau für die betriebseigenen Großkrane eingesetzt. Der MAN ist ein guter und schneller Helfer auf der Baustelle, wo er in der Regel mit einem Anhänger anzutreffen ist. Montiert ist ein Palfinger PK 78002 – SH F Power Link Plus. Hubwerte: 15 800 kg/4,2 m und 3250 kg/18 m

Bilder Meysing

Oben: Noch „nagelneu" ist dieser Scania R 490 der Firma Bruns, der auf seinen ersten Einsatz wartet. Aufgebaut ist ein Palfinger PK 78002 – SH Kran

Bild Bräutigam

Rechts und unten: In Belgien ist der Scania der Firma Van Caudenberg mit dem PK 78002 – SH G im Einsatz. Er verfügt über eine hintere Lenkachse

Bilder Meysing

Der Scania der Firma van Kempen aus Holland, mit Dachgepäckträger und „Bullbar“, der geschickt die vorderen Abstützungen verdeckt. Aufbaukran ist wieder ein PK 78002. Auch die Pritsche weist eine erhebliche Länge auf

Bilder Meysing

De Jong Transport aus den Niederlanden hat diesen DAF 85 400 im Fuhrpark. Aufgebaut ist ein PK 83000 Ladekran. Das Fahrzeug hat eine sehr kompakte Bauweise

Bilder Böcher

Ebenfalls in Holland unterwegs ist der neue Volvo FH der Firma Gebr. Lafeber Transport BV mit einem Palfinger PK 92002 – SH Ladekran. Auffällig ist die Kotflügelverkleidung am Fahrzeug, welches mit einem Broshuis-Auflieger unterwegs ist

Bilder v. Urk

Brouwer aus Nieuwegein mit Palfinger PK 85002 Ladekran, aufgebaut auf Scania Fahrgestell mit hinten doppelt bereiften Achsen. Rechts und unten der Volvo FH 500 der Firma Buko mit hinterer Lenkachse. Beide Krane haben dieselben Lastmomente: 15 880 kg/4,5 m und 2420 kg/22,4 m

Bilder Meysing

Drei Fahrzeuge, alle Scania, alle mit demselben Kranaufbau: ein Palfinger PK 92002, und doch sind alle grundverschieden. Hier wird die Vielfalt der Fahrzeugarten besonders deutlich

Bilder Meysing

Der erste Volvo FH Ladekranwagen im Hause Peterburs in Rheda Wiedenbrück. Aufgebaut wurde ein PK 92002 – SH F Power Link Plus Ladekran mit Jib PJ 170 C DPS Plus. Das Fahrzeug ist momentan eines der größten Ladekranfahrzeuge im ostwestfälischen Raum. Es verfügt über eine hintere Lenkachse, die es sehr wendig macht. Der Ladekran ist hinter der zweiten Achse montiert. Die Hubwerte betragen: 17 800 kg/4,4 m und 3750 kg/17,6 m sowie am Jib 4700 kg/20,5 m und 1840 kg/26,5 m

Bilder Müller

Der französische Kranbetreiber Mediaco betreibt auch eine deutsche Niederlassung in der Nähe von Kehl am Rhein. Hier ist der farblich sehr ansprechende MAN TGX 41.480 stationiert. Er wird als Kranwagen und auch als Zugmaschine mit Auflieger zum Transport von Kranballast eingesetzt

Bilder Müller

Die Firma Archinal aus Wetter/Hessen hat die Firma Klaus Neusel vor gut einem Jahr beauftragt, auf die vorhandene vierachsige Titan Schwerlastzugmaschine einen abnehmbaren schweren Ladekran aufzubauen. Ein Konzept wurde in Zusammenarbeit mit den Firmen Neusel, Archinal, Palfinger sowie FMG realisiert und umgesetzt. Der Kunde ist mit der Vielseitigkeit, Manövrierbarkeit und den schnellen Einsatz- und Umbauzeiten zur Sattelzugmaschine sehr zufrieden

Bilder Jung

Einer der Autorenmeinung nach schönsten Ladekranwagen in Deutschland. Eingesetzt bei der Dachbau GmbH Mammendorf in der Nähe von München. Das Fahrzeug ist sehr kompakt aufgebaut

Bilder Müller

Der Betreiber ist von seinem Fahrzeug vollstens begeistert. Wie man sieht, ist der Achsabstand zwischen zweiter und dritter Achse sehr kurz. Dort, wo die Abgasanlage verbaut ist, sitzt sonst der Tank

Bilder Müller

Auf der in Fahrtrichtung rechten Seite erkennt man auf der ersten Klappe oben eine „Klappe in der Klappe“. Unter der Pritsche ist eine Ausziehleiter montiert. Beim Tanken muss diese herausgezogen werden, die Klappe oben geöffnet werden und man kommt an den sich auf der oberen Ladefläche befindlichen Tank. Aufgebaut ist ein Palfinger PK 92002 – SH F mit Jib PJ 170 E DPS Plus. Hubwerte: 17800 kg/4,2 m und 3750 kg/17,8 m sowie am Jib 4600 kg/20,2 m und 1100 kg/30,3 m

Bilder Müller

In Spanien sind diese beiden Ladekranwagen unterwegs, hier zusammen bei einem Einsatz angetroffen. Oben abgebildet ist ein MAN TGS 41.440 von Usabiaga. Rechts und unten ist ein TGA 41.480 8x8 der Firma Gruas Goiherri zu sehen. Beide haben einen Palfinger Ladekran, Typ PK 100002 aufgebaut

Bilder Böcher

Ein dezent und doch sehr attraktiv gestalteter Volvo FH 540 der dänischen Firma Krangarden. Aufgebaut ist ein Palfinger PK 110002 SH Ladekran. Ausgestellt war das Fahrzeug auf der Messe in Herning

Bilder v. Urk

Hier geht es zur Sache: MAN TGS 41.480 im Einsatz bei Laso in Portugal. Das Fahrzeug hat auf dem achtachsigen Nooteboom-Auflieger ein komplettes hydraulisches Hubgerüst geladen. Es dient zum Umladen eines Trafos, der in einer Kesselbrücke transportiert wurde. An der Umladestelle wurde das Fahrzeug dann zum Errichten des Hubgerüstes eingesetzt. Es ist sehr schön zu erkennen, wie kompakt das Fahrzeug auch im abgestützten Zustand ist

Bilder MAN Portugal/Pereira und Laso

MobiHub aus Berlin verfügt seit neuestem über einen PK 165002 Ladekran. Dieser ist momentan das größte Hubgerät dieser Art im Raum Berlin. Der Kran vom Typ PK 165002 TEC G verfügt auch über einen Jib PJ 240 E. DPS C. Die Bilder entstanden bei einer Einweisung des Gerätes auf dem Firmenareal. Das maximale Hubmoment dieses Kranes beträgt 32 000 kg

Bilder Müller

Bei Bernt Fahrzeugbau in Dorsten wurden gleich zwei baugleiche Scania für die Firma Neeb aufgebaut. Der PK 165002 TEC passt so gerade auf das Fahrgestell im ausgeklappten, jedoch eingezogenen Zustand. Der Kran ist hinter der zweiten Lenkachse montiert Bilder Bernt

Auch die Firma Bruns verfügt an ihrem Stützpunkt Nähe Magdeburg über einen vierachsigen Scania mit einem PK 165002 TEC G Ladekran mit PJ 240 E DPS – C. Die Hubwerte betragen 25 800 kg/4,2 m und 5600 kg/18,4 m, am Jib 5600 kg/26 m und 1800 kg/35,5 m Bilder Meysing

In Graubünden ist dieser HMF Ladekran bei einer Holzhandlung unterwegs, Mercedes Actros 3248 der Firma Salzgeber

Bilder Böcher

Auf der Messe in Herning war dieses Messeexponat zu sehen, ein MAN TGS 35.500 der Firma Poul Schou aus Odense mit HMF 5300 Ladekran

Bilder v. Urk

MAN TGX 35.480 der Firma KVS aus Dresden bei einer Rast auf der Autobahn. Aufgebaut ist ein HMF 6020 Ladekran, der schon gewaltigen Eindruck macht

Bilder Neugebauer

Weitere HMF-Krane auf holländischen Straßen unterwegs: einmal aufgebaut auf einem MAN der Firma Stilo und einem Volvo der Firma Wielemaker. Aufgebaut ist ein HMF 6020 – K6 mit Hubwerten von 11 500 kg/ 4,6 m und 2640 kg/ 16,9 m

Bilder Meysing

Zwei unterschiedliche Fahrzeuge der Firma Top Transporten. Sie werden überwiegend im Glasmontagebau eingesetzt. Als Krane sind ebenfalls HMF 8520 Krane aufgebaut. Das unten abgebildete Fahrzeug verfügt auch über eine Sattelplatte Bilder Meysing

Bent Mortensen A/S mit Volvo und HMF 8520 K8 Ladekran. Vorn verfügt der Volvo über eine zusätzliche Abstützung sowie hinten über eine Sattelplatte und eine „dänemarktypische“ angedeutete Ladefläche. Hubwerte: 15 850 kg/4,6 m und 2850 kg/20,3 m

Bilder v. Urk

Ebenfalls auf dänischen Straßen unterwegs: vierachsiger Volvo FH 650 von Kai Andersens EFTF. A/S. mit sehr langem Radstand und dreiachsigem Anhänger sowie ein weiterer Volvo FH 540 von Gert Svith A/S. Beide Ladekrane sind HMF 8520 K8

Bilder v. Urk

Weitere Einsatzbeispiele dieses Krantyps. Ein Scania von De Boer und ein Volvo von Haegens

Bilder Meysing

…und weitere Impressionen des HMF 8520. Wieder fällt auf, jedes Fahrzeug ist anders aufgebaut

Bilder Meysing

Dieser Ladekran vom Typ PM 48 befindet sich bei der Firma Hauser Logistik im Einsatz Bilder Müller

Ein besonderes Fahrzeug ist dieser MAN 41.604 der Bergefirma Kopius aus Bad Wünnenberg-Haaren bei Paderborn. Das Fahrzeug verfügt neben einem PM Ladekran vom Typ PM 75 auch über eine Abschleppbrille. Beim Umbau von einer Schwerlastzugmaschine zum Bergegerät musste der Tankaufbau hinter dem Fahrerhaus dem Kran weichen. Anstelle des Bettes befindet sich nun der Tank in der Kabine

Bilder Müller

Der MAN TGS 41.480 der Firma Immerzeel. Aufgebaut ist ein PM 100 SP Ladekran. Das Fahrzeug wird im Sattelverkehr eingesetzt. Die Hubwerte des Kranes betragen 17 500 kg/4,5 m und 4700 kg/15,65 m

Bilder Müller

Oben ein rüstiger Mercedes Actros 3244 mit Ladekran Effer 210 und Kippmulde bei einer Pause. Unten ein Scania der Firma Euser Transport aus Holland mit Ladekran Effer 525/6S mit Lastwerten von 10 700 kg/4,75 m und 2500 kg/17,13 m

Bilder Meysing

Holzbau Zisag setzt diesen Renault Trucks C zu Montagearbeiten aller Art ein. Aufgebaut ist ein Effer 525 Kran. Das Fahrzeug verfügt auch über eine Frontabstützung Bilder Hodel

Verschoor aus Sassenheim hat diesen Volvo mit der Achsfolge 1+3 im Fuhrpark. Vor der langen Pritsche, die noch mit einem Container beladen werden kann, ist ein Effer-Ladekran 685 6S mit Jib 6S montiert. Er hat Traglastwerte von 6310 kg/4,75 m und 2930 kg/ 17,13 m sowie am Jib 1320 kg/19,98 m und 600 kg/34,2m Bilder Meysing

Dieser optisch durch die hohe Plane stimmig wirkende Scania R 490 ist mit einem Effer 685 in der Schweiz unterwegs. So können nässeempfindliche Gipskartonplatten mit dem Kran bis in die Baustelleninnenbereiche eingehoben werden Bilder Hodel

Der DAF CF 85.480 der Firma v. Zandwijk B.V. mit Effer-Ladekran 850/6S. Hubwerte: 16 000 kg/4,48 m und 3980 kg/16,1 m Bilder Meysing

Die HTB Baugesellschaft mbH aus Kufstein in Österreich hat diesen neuen MAN TGS 41.480 bekommen. Während die ersten Bilder noch bei dem Aufbauer ohne Beschriftung gemacht wurden, sind die letzten beiden Bilder nun im Einsatzzustand. Das Fahrzeug verfügt auch über zwei Abstützungen vorn. Aufgebaut ist ein Effer Ladekran vom Typ 955

Bilder Müller (oben und links Mitte und unten), Thum (rechts Mitte und unten)

Ein Scania G 490 der Firma Aregger aus der Schweiz. Dieses Fahrzeug verfügt über leicht nach vorn gestellte Stützen als weitere Variante der Stützbeinkonfiguration. Desweiteren weist das Fahrzeug einen sehr kurzen Radstand auf. Die Stützenkonfiguration nennt man bei Effer V-Stab, montiert ist ein Effer 955 Kran

Bilder Hodel

Ein weiterer Effer 955, ganz in Blau gehalten. Aufgebaut auf einem MAN TGS 41.480 mit fester Pritsche

Bilder Hodel

Der MAN TGS 35.400 verfügt über einen Effer-Ladekran mit nach vorn klappbaren Stützen. Dadurch kann das volle Lastmoment auch über das Führerhaus nach vorn gehoben werden

Bilder Effer

Der Volvo FH 460 der Firma v. Riel hat ebenfalls einen Effer Ladekran 955 9S montiert, jedoch mit Serienmäßigen Querausschubstützen. Das Lastmoment beträgt 15 280 kg/ 4,79 m und 2310 kg/22,94 m

Bilder Meysing

Bei dem Baukonzern Log Bau aus der Schweiz ist dieser sehr bullig wirkende Scania G 480 mit Effer 1155 8S beheimatet. Er ist auf dem Fahrzeug heckseitig montiert. Zusätzlich sind nach hinten ausfahrbare Stützen angebaut. Die Hubmomente des Kranes sind 8500 kg/8,97 m und 3270 kg/ 19,48 m

Bilder Müller

Ein Scania im Einsatz bei der Firma Remmers Transport aus Muntendam. Aufgebaut ist ein Effer 1255 7S mit Lastmomenten von 19 800 kg/4,41 m und 4530 kg/17,30 m. Das Fahrzeug verfügt auch über eine Sattelplatte sowie eine lenkbare vierte Achse, was das Fahrzeug sehr wendig macht

Bilder Meysing

Die Gebr. Vermeer aus Tilburg fahren diesen DAF CF 85.460 mit einen Effer Ladekran 1355 8S + Jib 6S light. Hubwerte: 20 350 kg/4,6 m und 4080 kg/19,65 m sowie am Jib 2310 kg/22,62 m und 885 kg/29,20 m

Bilder Meysing

Bei Tschudy aus Chur, die mittlerweile zur Calanda-Gruppe gehören, ist dieser kompakte Arocs im Einsatz. Das Fahrzeug ist sehr kurz aufgebaut, damit es auch auf engen Baustellen eingesetzt werden kann. Das Fahrzeug verfügt über nach hinten schwenkbare Abstützfüße Bilder Müller

Der ganze Kran ist auf einem Wechselrahmen aufgebaut, so dass er auch auf anderen Fahrzeugen aufgesetzt und betrieben werden kann. Die Hubwerte dieses Kraftpaketes betragen 20 700 kg/4,8 m und 4180 kg/19,65 m sowie am Jib1910 kg/23,91 m und 1165 kg/31,96 m

Bilder Müller

Ein Scania R 490 von Jens Konrad mit rot lackiertem Effer 1405/8S mit Jib 6S. Die Hubwerte: 20 700 kg/4,6 m und 4180 kg/ 19,65 m sowie am Jib 2100 kg/22,49 m und 1165 kg/31,96 m Bilder v. Urk

Van Riel aus den Niederlanden setzt diesen Scania R 480 zusammen mit einem Effer 1550 Ladekran ein

Bilder Meysing

Ein weiterer Holländer mit identischem Kran 1550 J-Power 6S mit Jib 6S heavy duty und folgenden Lastwerten: 23 200 kg/4,89 m und 7830 kg/13,42 m, am Jib 3200 kg/18,51 m und 1800 kg/27,84 m

Bilder Meysing

Der DAF CF 85.460 der Firma M.K. Gortenmulder hat einen Hiab Ladekran Typ 600 E – 6 aufgebaut. Hubwerte 15 900 kg/4,3 m und 2800 kg/15,9 m. Der in der Mitte abgebildete Lkw ist ein Volvo FH 460 und fährt für Muilwijk Transport. Der Aufbaukran ist ein Hiab 622 – 8. Der rote DAF CF 460 von Alb. Swijenburg ist ebenfalls mit einem Hiab 622 – 8 Hipro unterwegs, mit folgenden Traglasten: 22 000 kg/2 m und 1940 kg/20 m

Bilder Meysing

Ein Scania R 520 V8 ist für v.d. Sluis Transport bv mit aufgebautem Hiab XS 855 Hipro Kran unterwegs, die Lastmomente betragen: 18 000 kg/ 3,9 m und 4100 kg/ 16,3 m

Bild Meysing

Eddy van Ijken ist unterwegs mit diesem Scania P 380. Aufgebaut ist ein Hiab 700 EP 5 Ladekran mit Hubwerten von 13 400 kg/ 4,7 m und 4000 kg/ 14,7 m

Bilder Meysing

Brandneu ist dieser Volvo FH 460 für die Firma Scheffknecht aus Lustenau. Montiert wurde ein Hiab X Hipro 858 E – 8 Ladekran mit Hubwerten von 18 000 kg/3,8 m und 2900 kg/19,4 m Bilder Müller

Bei Hamer Tankservice ist dieser DAF CF 460 unterwegs. Er wird unter anderem zum Auf- und Abbau von Gasversorgungsanlagen genutzt. Als Ladekran dient ein Hiab X Hipro 858 EP – 6 mit Traglasten von 18 000 kg/3,9 m und 4100 kg/16,3 m Bilder Meysing

Ebenfalls bei dem holländischen Ladekrantag zu Gast: Van Dijk aus De Meern mit Volvo FH und niedrigem Fahrerhaus. Ein weiteres Fahrzeug von der Firma Remmers, ebenfalls ein Volvo FH. Beide Fahrzeuge haben ein kurzes Fahrgestell und sind mit einer Sattelplatte ausgerüstet. Das van Dijk-Fahrzeug verfügt auch über eine doppelte Frontabstützung. Hubwerte beider Ladekrane: 18 000 kg/ 4,7 m und 4750 kg/16,3 m

Bilder Meysing

Ein weiterer Scania G 450 mit ansprechender Fahrzeuglackierung. Aufgebaut ist ein Hiab 1055 E – 8 Hipro mit Jib 175 X – 5 JGC. Die Hubwerte 18 000 kg/4,4 m und 2400 kg/19,2 m Bilder Meysing

Auf Jungfernfahrt unterwegs: erste Ausfahrt des neuen Fahrzeuges vom Typ Actros 3765 der Firma Schraven Rudderpropeller. Es wird europaweit eingesetzt, um Ruderpropeller und so genannte Tripods an die Kunden auszuliefern. Als Ladekran fungiert ein Hiab X Hipro 1058 EP – 6 Ladekran mit Hubwerten von 18 000 kg/4,7 m und 4700 kg/16,3 m

Bilder Meysing

Bei dem niederländischen Bergeunternehmen Modern wird dieser Scania eingesetzt. Aufgebaut ist ein Hiab 1058 Ladekran, der in Wagenfarbe lackiert ist

Bilder Meysing

Ebenfalls sehr neu, ein MAN TGX 38.480 der Firma Votrans Soest. Das Fahrzeug verfügt über eine Frontabstützung und der komplett in Wagenfarbe lackierte Ladekran ist ein Hiab X Hipro 1058 E – 7 mit Jib 150 X – 6. Hubwerte 18 000 kg/4,5 m und 4100 kg/17,3 m sowie am Jib 4750 kg/22 m und 940 kg/32,8 m. Der Fahrer scheint mit dem Fahrzeug sehr zufrieden zu sein, zu erkennen an dem Aufdruck am Fahrerhaus „Dream Machine“

Bilder Meysing

Ein Italiener zu Gast in Österreich. Dieser Iveco Eurotech 430 mit Cormach Ladekran 180000 E7 bei einem Tankstopp

Bilder Thum

Das Titelbildfahrzeug des aktuellen Buches. Es handelt sich um ein multifunktionales Abschlepp-, Berge- und Kranfahrzeug. Eigentümer ist die schweizerische Firma Tondini. Die Autoren hatten die Gelegenheit, dieses tolle Fahrzeug auf einer Ausfahrt zum Fototermin mit zu begleiten. Das Fahrzeug hat eine „Bergevollausstattung“, zwei Seilwinden, ein Schiebeplateau und eine schwere Hubbrille Bilder Müller

Eberle aus der Schweiz setzt diesen Renault Trucks C 520 als Baustellenfahrzeug ein. Aufgebaut ist ein heckseitig an- und abbaubarer Fassi Ladekran vom Typ F 365 RA.2.28 E-Dynamic

Bilder Müller

eberle-transport.com
Eberle
SG·425781

FASSI
Eberle

Ein Volvo von Emil Egger, ein FH 500 mal ohne hohe Plane unterwegs. Geladen ist eine Betonzisterne. Diese kann dann vor Ort direkt in die Baugrube eingehoben werden. Als Ladekran ist ein Fassi F 455 A montiert

Bilder Müller

Unterwegs ist das Fahrzeug mit einem zweiachsigen Drehschemelanhänger. Traglastwerte des Krans: 9500 kg/3,8 m und 2100 kg/15,9 m, am Jib: 1100 kg/18,7 m und 300 kg/28 m
Bilder Müller

Buko setzt diesen Volvo FH mit Effer Ladekran F 545 RA ein. Der DAF CF mit Fassi Ladekran Typ F 660AXP.26 hat Hubwerte von 16 000 kg/3,4 m und 3100 kg/16,1 m. Die Fahrzeuge präsentierten sich auf dem Ladekrantag in Holland. „Qua patet orbis“–„soweit die Erde reicht“. Wollen wir das mal hoffen…

Bilder Meysing

Die schweizerische Firma Eberhard setzt diesen MAN TGS zur Baustellenversorgung ein. Aufgebaut ist ein Fassi 660 AXP.26 Ladekran

Bilder Müller

Unterwegs ist das Fahrzeug mit einem zweiachsigen Zentralachstiefladeanhänger. Die Hubwerte am Kran betragen 16000 kg/3,4 m und 3100 kg/16,1 m

Bilder Müller

Ein weiteres Egger-Fahrzeug. Dieser MAN TGS 35.480 LX wurde aufwändig bei Toni Maurer umgebaut. So wurde der Radstand geändert, der komplette Rahmen ersetzt in verstärkter Ausführung mit integrierter Frontstütze, hinten eine niedrigere Bereifung als vorne angebaut sowie der Ladekran montiert

Bilder Müller

Auch dieses Fahrzeug ist mit einem zwangsgelenkten einachsigen Planenauflieger unterwegs. Trotz der vier Achsen ist die Zugmaschine sehr wendig, ein perfektes Fahrzeug für enge Straßen. Die Hubwerte des Kranes sind 16 000 kg/3,4 m und 3100 kg/ 16,1 m

Bilder Müller

In der niedersächsischen Landeshauptstadt Hannover ist die Firma Zerges zu Hause. Auf diesem Zerges-Fahrzeug ist als Ladekran ein Fassi F 800 A aufgebaut. Neben Baustellenversorgungen mit Containerverkehr wird das Fahrzeug auch zum Transport von Zubehör für Bohrgeräte aller Art eingesetzt

Bilder Mexsing

Der Mercedes Actros im Einsatz als Ballastfahrzeug für einen Autokran. Als Kran dient ein Fassi F 900 XP. Als Stauraum wurde am Fahrzeug jeder Millimeter ausgenutzt, so befinden sich auch Staufächer über den Kotflügeln

Bilder Müller

Dieses Fahrzeug, ein MAN TGS 41.480, ist im harten Einsatz auf unbefestigtem Untergrund auf einer Windkraftbaustelle. Die Firma Krandienst Schuch setzt ihn zusammen mit dem Fassi Ladekran F 950 XP bei Umsetzarbeiten eines Autokrans ein

Bilder Schadler

Ein weiterer MAN TGS. Auch er verfügt über eine Sattelplatte über den hinteren Achsen. Aufgebaut ist ein Fassi F 950 XP Ladekran. Betreiber des Fahrzeuges ist die Firma Immerzeel aus De Lier

Bilder Meysing

Der sehr spezielle schweizerische Ladekranwagen der Firma Werner Looser. Der MAN TGS 35.440 hat einen schweren Fassi Ladekran vom Typ F 1300A.28 aufgebaut. Durch die lenkbare Hinterachse ist das Fahrzeug sehr wendig

Bilder Müller

Der MAN TGS 35.440 verfügt über eine ausschwengbare Heckabstützung. Hubwerte an diesem interessanten Gerät: 20 590 kg /4,4 m und 3680 kg/19,65 m, am Jib 1800 kg/22 m und 960 kg /29,95 m

Bilder Müller

Van Noord fährt mit diesem leistungsstarken Fassi F 1300 XP durch die Niederlande. Aufgebaut ist er auf einem Volvo FH 480-Fahrgestell. Der Kran ist hier auf der Ladefläche abgelegt

Bilder Meysing

F 1500 XP heißt der Krantyp, der auf dem Iveco Trakker 500 bei der Schweizer Firma Eberle montiert ist. Er verfügt auch über einen angebauten Jib

Bilder Müller

Trotz der Größe ist der Kran noch zusammenlegbar. Der Schwerpunkt des Kranes liegt im Bereich auf der zweiten Achse. Vorn verfügt der Iveco Trakker 500 über einen Abstützzylinder. Auch eine Pritsche ist vorhanden, um zum Beispiel noch Anschlagmittel mitzuführen

Bilder Müller

Der vierachsige Volvo ist bei dem holländischen Kranbetreiber Jan van Dam eingestellt. Er verfügt über eine Vierpunktabstützung mit zusätzlicher doppelter Heckabstützung. Aufgebaut ist ein World Power ER 300000 LK – 4

Bilder Meysing

Bei diesem Kran handelt es sich um ein weltweit einmaliges Fahrzeug. Der große Ladekran aus türkischer Produktion wurde hausintern auf den Grove-Unterwagen GMK 4075 angepasst. Das Fahrzeug wurde ebenfalls komplett überholt und umgebaut
Bilder Müller

Betriebsintern heißt das Gerät bei Egger ESK 75. Es hat ein zulässiges Gesamtgewicht von 48 t. Verschiedene Teleskopendstücke ermöglichen auch ein Arbeiten in beengten Räumen. Das Gerät kann verschiedene Ballastkonfigurationen einsetzen, ebenfalls ist der Ballast nach hinten verschiebbar. Folgende Lastfälle sind möglich: Ballast 6250 kg, R=3,6 m: 29 300 kg/4,8 m und 4600 kg/22m. Ballast 12 500 kg, R= 2,6 m: 39 400 kg/4,8 m und 6100 kg/22 m. Ballast 12 500 kg, R=3,6 m: 45 000 kg/4,8 m und 7000 kg/22 m. Der Kran verfügt auch über einen zweiachsigen Ballastanhänger, der zusätzliche Gewichte sowie den Jib und weitere Mastverlängerungen und Einschübe aufnehmen kann. Am Jib können mit der maximal möglichen Ballastierung und einem Radius von 3,6 m 3200 kg auf 24,6 m und 500 kg auf 50 m gehoben werden

Bilder Müller

Der Kran verfügt über einen Antrieb auf sechs Rädern sowie Allradlenkung. Angebaut wurde auch eine hintere Staukiste Bilder Müller

Fünfachsige Ladekranfahrzeuge

In der Nähe von Zürich ist dieser Scania bei Keller und Hess zu Hause. Als Ladekran ist ein Fassi 800 XP aufgebaut. Durch die Lackierung fällt das Fahrzeug im Straßenverkehr besonders auf

Bilder Müller

Die Schmucki AG aus Gommiswaid in der Schweiz setzt unter anderem zur Baustellenversorgung diesen Actros 4445 mit Fassi Ladekran 950 ein. Trotz der Länge des Fahrzeuges lässt es sich mit der fünften gelenkten Achse noch gut rangieren

Bilder Müller

Actros 4445 mit Fassi Ladekran 950

Bilder Müller

Ein weiterer Hingucker der Firma Käppeli Logistik. Der MAN TGS mit heckseitig aufgebauten Fassi Ladekran 950 ist schon beeindruckend. Als Versorgungsfahrzeug der Baustoffindustrie sind die Einsätze vielfältig

Bilder Müller

Ein weiteres Augenmerk von hinten ist die hochglanzpolierte Edelstahlkiste sowie die hinteren eingeklappten Stützen

Bilder Müller

Im Einsatz bei dem Schweizer Holzrecyclingbetrieb Steinauer ist dieser Scania. Aufgebaut ist ein Fassi 950 Ladekran mit Jib Bilder Müller

Der sehr gepflegte Steinauer-Scania mit Fassi 950 Ladekran

Bilder Müller

Emil Egger betreibt eine Fülle von schönen Ladekranlastwagen. In der Regel sind sie mit einem Pritschenaufbau mit Plane unterwegs. Dieser Scania mit der Flottennummer 381 ist zusätzlich zum Kran, einem Fassi 950 XP, noch mit einer hinteren hydraulischen Ladebordwand versehen, die abnehmbar ist. So ist das Fahrzeug sehr flexibel einsetzbar. Der versierte Schweizer Chauffeur muss schon aufpassen, dass er bei den Ladearbeiten die hohe Planenstellage nicht berührt. Die Hubwerte des Kranes sind 21 500 kg/3,1 m und 3200 kg/19,8 m, am Jib 1400 kg/22,8 m und 800 kg/37,1 m Bilder Müller

Der Ladekran kann nicht mehr seitlich zusammengefaltet werden, er ruht bei der Fahrt in einer speziellen Ablage auf der Pritsche. Auch gibt es viele Staumöglichkeiten

Bilder Müller

Die Hubwerte des Fassi 10x4: 26 750 kg/4,75 m und 3750 kg/24,5 m, am Jib: 3500 kg/19,6 m und 810kg/39,05 m. Die genaue Kranbezeichnung lautet 1950 L

Bilder Müller

Hiab 1055 E – 8 Hipro mit Jib 175 X JDC, aufgebaut auf einem fünfachsigen Volvo FM-Fahrgestell beim Transport eines Containers

Bilder Meysing

Die Firma Gaffert aus den Niederlanden hat diesen Volvo FH mit einem gewaltigen Cormach Ladekran vom Typ 135000 – E9 F 186 ASC im Einsatz. Der Cormach-typische, doppelte untere Drehbock verleiht dem Kran eine besondere Steifigkeit. Auch eine kleine Pritsche ist noch auf dem Fahrzeug aufgebaut. Die Hublasten am Grundgerät: 25 680 kg/4,13 m und 4600 kg/19 m Bilder Meysing

Ebenfalls in Herning wurde dieser Erkin 295000 Ladekran vorgestellt, aufgebaut auf einem Scania R 490-Fahrgestell für die Firma Palle's Kraner ApS. Durch die auffallende Farbgebung erfüllt der Kran schon von sich aus ein Sicherungsmerkmal Bilder v. Urk

Huys aus Venlo fährt diesen fünfachsigen Volvo mit einem aufgebauten Erkin 365000 Ladekran. Ein Teil des Ballastes sowie der Jib werden auf einem zweiachsigen Tandemanhänger mitgeführt

Bilder Meysing

Erste Ausfahrt zur Ladekranmesse in Holland. L.A. v.d. Heuvel mit neuem fünfachsigen Scania und aufgebautem Palfinger Pk 92002 – SH G Ladekran, dessen Hubwerte 17 400 kg/4,4 m und 3100 kg/ 20,2 m betragen

Bilder Meysing

Urs Huber aus Wädenswill in der Schweiz hat diesen wunderschön gestalteten MAN TGS im Fuhrpark. Auf- und umgebaut wurde er bei Toni Maurer. Er glänzt wie neu bei dem frühmorgendlichen Fototermin. Montiert ist ein Palfinger PK 92002 SH F mit Powerlink plus. Markant ist auch die vordere Stützfußverkleidung an der Stoßstange

Bilder Müller

Die Anschlagmittel finden sich schön sauber aufgehangen an der vorderen Bordwand. An dem Kran ist auch ein Jib PJ 170 E mit DPS Plus montiert. Die Hubwerte des Kranes: 17 800 kg/4,2 m und 3750 kg/17,8 m, am Jib: 1820 kg/20,2 m und 1100 kg/30 m Bilder Müller

Oben: Dieser Volvo FH 480 mit dem Palfinger PK 100002 Aufbaukran ist ebenfalls mit hohem Planenaufbau unterwegs, auch er verfügt über eine große Ladebordwand am Heck. Eingesetzt wird das Fahrzeug unter anderem zum Transport von Maschinen oder Metallverarbeitungszentren, die vor Ort entsprechend platziert werden können. Während des Transportes sind die Ladungen unter der Plane geschützt. Der Kran verfügt über eine Fünfpunktabstützung, die Hubwerte betragen 25 000 kg/3,1 m und 5000 kg/15,2 m, am Jib 2800 kg/18,3 m und 1000 kg/30 m in der Waagerechten Bilder Müller

Links und unten: Dieser Volvo FH 16 ist mit einem schweren Palfinger Ladekran PK 150002 versehen. Zusätzlich sind zwei Frontabstützungen angebaut, um die 360 Grad bei voller Auslastung auszunutzen. Dieser Lkw ist das zur Zeit größte Fahrzeug im Fuhrpark der Firma van Grinsven Bilder Meysing

HP Gerber aus Zürich hat als Bergeunternehmen diesen Scania mit aufgebautem PK 200002 Ladekran im Einsatz. Obwohl das Fahrzeug zum Fotozeitpunkt noch fast neu war, hatte es schon mehrere aufwändige Bergeeinsätze hinter sich Bilder Müller

In den Staukästen befindet sich Bergeequipment, das im Notfall schnell zur Hand ist. Das Fahrzeug verfügt über eine Front- und Heckabstützung sowie die vier seitlichen Abstützungen

Bilder Müller

Die Firma Schönenberger aus der Schweiz hat diesen fünfachsigen Renault Trucks C mit Effer Ladekran 525 bekommen. Zusätzlich hat das Fahrzeug auch eine Hakenabrollaufbauanlage. Ebenso verfügt das Fahrzeug über einen Jib mit anbaubarem Mannkorb

Bilder Hodel

Bei Heimgartner aus Baden/Schweiz fährt dieser fünfachsige Volvo FH mit Effer Ladekran 850. Er wird auch bei Arbeiten mit dem Greifer eingesetzt
Bilder Hodel (oben), Müller (rechts und unten)

Guttrans.ch oder Gut Transport AG aus Zürich ist mit diesem Scania im Einsatz beim Transport von Baucontainern. Trotz der langen Pritsche ist der Überhang schon erheblich. Als Ladekran ist ein Effer 850 aufgebaut, für den die leichten Baucontainer sicherlich ein leichtes Entladespiel bedeuten

Bilder Müller

Norland aus der Schweiz hat diesen Volvo FH mit Effer Ladekran 955 bekommen. Das Fahrzeug verfügt über eine Kipppritsche, was bei Fahrzeugen dieser Art schon ein Sonderfall ist

Bilder Hodel

Dieser Scania hat einen baugleichen Effer 955 Ladekran und ist für die Firma Affolter bestimmt

Bilder Hodel

Ein weiteres Fahrzeug der Firma Guttrans aus Zürich kurz vor der Auslieferung. Dem Scania G 480 wurde ein Effer 1355 Ladekran montiert

Bilder Hodel

Martens aus den Niederlanden setzt diesen Scania R 480 mit Effer 1750 ein. Das besondere an diesem Fahrzeug ist, dass die letzte Achse als Lenkachse ausgeführt ist und auch einen größeren Achsabstand zur vierten Achse hat

Bilder Meysing

Firma Mauracher aus Innsbruck/Österreich setzt diesen MAN TGS 41.480 10x8 mit einem Effer 2655 ein. Das Fahrzeug weist hinten einen beachtlichen Überhang auf. Hubwerte: 27 300 kg/4,58 m und 4740 kg/24,64 m, am Jib: 7200 kg/13,21 m und 865 kg/31,21 m. Die Bilder entstanden bei einem der ersten Einsätze Bilder Thum

In Dänemark bei BMS ist dieser fünfachsige Volvo neu im Einsatz. Aufgebaut ist ebenfalls ein Effer 2655 Ladekran. Das Fahrzeug verfügt über eine „Rundumabstützung", also neben den seitlichen vier Stützen noch über eine Front- und doppelte Heckabstützung. Trotz des großen Kranes wirkt der Lkw sehr kompakt

Bilder v. Urk

Ersteinsatz in den Niederlanden. Dieser MPG 350 Ladekran ist auf einem fünfachsigen Scania P 450-Fahrgestell aufgebaut. Der Kran verfügt über einen großen Jib, der auf der Ladefläche mitgeführt wird. Neben den seitlichen Abstützungen verfügt das Fahrzeug über zwei nach hinten ausfahrbare Heckstützen. Der Ballast ist teilbar gestaltet und entsprechend abnehmbar. Hubwerte: 117 000 kg/3 m und 10 000 kg/26 m, am Jib: 8250 kg/32 m und 1500 kg/47 m. Durch manuelle Ausschubverlängerungen kann der Kran 57 m und 500 kg erreichen Bilder Meysing

Sechsachsige Ladekranfahrzeuge

Dieses Fahrzeug ist hier kurz vor der Auslieferung an die Firma Voser aus Neuenhof/Kanton Aargau zu sehen. Aufgebaut ist ein Effer 2655 Ladekran. Das Fahrzeug verfügt über eine Sternabstützung. Das Trägerfahrzeug war auf der letzten Bauma in München ausgestellt

Bilder Hodel

Weitere Bücher unseres Verlages

Fordern Sie unser Gesamtverzeichnis an, das wir Ihnen kostenlos und unverbindlich liefern mit Büchern über Autos, Motorräder, Lastwagen, Traktoren, Feuerwehrfahrzeuge, Baumaschinen und Lokomotiven:

Verlag Podszun Motorbücher GmbH
Elisabethstraße 23–25, 59929 Brilon
Telefon 02961-53213, Fax 02961-9639900
Email info@podszun-verlag.de
www.podszun-verlag.de

Die schönsten Fotos der Spitfires, der Messerschmitts, der Junkers und der vielen anderen, heute oft schon legendären, Maschinen.

160 Seiten, 400 Abbildungen
28 x 21 cm, fester Einband
978-3-86133-838-3 EUR 29,90

Präsentation der rund 50 deutschen Fluggesellschaften mit ihren Maschinen seit den 1970er Jahren von A bis Z.

174 Seiten, 390 Abbildungen
28 x 21 cm, fester Einband
978-3-86133-824-6 EUR 29,90

100 Jahre Hamburger Feuerwehrgeschichte mit technischen Daten, Tabellen und einer Vielzahl bisher unbekannter Bilder.

184 Seiten, 420 Abbildungen
28 x 21 cm, fester Einband
978-3-86133-331-9 EUR 29,90

Die Autoren setzen interessante und meist neue Fahrzeuge in bewährter Weise mit faszinierenden Aufnahmen in Szene.

174 Seiten, 390 Abbildungen
28 x 21 cm, fester Einband
978-3-86133-789-8 EUR 29,90

Hunderte hochinteressante Ladekranfahrzeuge auf Baustellen, bei Transportunternehmen und beim THW.

170 Seiten, 440 Abbildungen
28 x 21 cm, fester Einband
978-3-86133-828-4 EUR 29,90

Einzigartig waren die 70 Kranwagen, die von 1958 bis 1976 gebaut wurden. Fast alle sind hier umfassend dokumentiert.

340 Seiten, 950 Abbildungen
28 x 21 cm, fester Einband
978-3-86133-829-1 EUR 49,90

Erstklassige Fotografien von den Fahrzeugen der Düsseldorfer Feuerwehren, die komplett und umfassend dargestellt werden.

320 Seiten, 910 Abbildungen
28 x 21 cm, fester Einband
978-3-86133-827-7 EUR 49,90

Die ELW, die vom Pkw bis zum tonnenschweren Lkw reichen. Mit ausführlichem historischen Teil. Faszinierende Bilder.

180 Seiten, 480 Abbildungen
28 x 21 cm, fester Einband
978-3-86133-772-0 EUR 29,90

Im 2. Band des traditionsreichen Unternehmens geht es um die spektakulären Transporte aus der Zeit von 2005 bis 2010.

152 Seiten, 360 Abbildungen
28 x 21 cm, fester Einband
978-3-86133-586-3 EUR 24,90

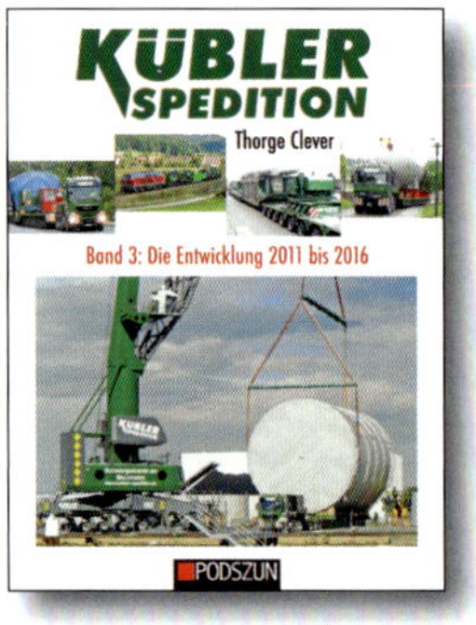

Der 3. Band von Thorge Clever gibt Einblicke in die Weiterentwicklung der bekannten Schwergut-Spedition.

270 Seiten, 620 Abbildungen
28 x 21 cm, fester Einband
978-3-86133-841-3 EUR 39,90

Einmalige Dokumentation der Fahrzeuge und der Unternehmen. Die Abschleppwagen werden von allen Seiten gezeigt.

296 Seiten, 1000 Abbildungen
28 x 21 cm, fester Einband
978-3-86133-537-8 EUR 39,90

Wenn sich spannende Schwertransporte auf den Weg machen, ist Norbert Neuschwander mit seiner Filmkamera dabei: Transport eines Portalkrans mit zwei Laufkatzen und 350 t Tragkraft, Verladung eines Waggons mit zwei Kranfahrzeugen und vieles andere.

DVD, 60 Minuten
978-3-86133-651-8 EUR 24,90

DVD, 120 Minuten
978-3-86133-618-1 EUR 24,90

Die speziell ausgerüsteten Unimogs als Helfer der Forstbetriebe. Im ersten Band geht es um die Holzrückung.

144 Seiten, 340 Abbildungen
28 x 21 cm, fester Einband
978-3-86133-830-7 EUR 24,90

Die Umbauten der beliebten Mercedes-Benz-Gefährte aus privater Hand und von Firmen ab den fünfziger Jahren.

176 Seiten, 480 Abbildungen
28 x 21 cm, fester Einband
978-3-86133-613-6 EUR 29,90

Michael Schauer stellt Miststreuer und Güllewagen, ausgestattet mit den modernsten technischen Systemen, vor.

144 Seiten, 300 Abbildungen
28 x 21 cm, fester Einband
978-3-86133-475-0 EUR 19,90

Alle Traktoren, die in Deutschland von MF angeboten wurden: Vom FE 35 mit 35 PS bis zum MF 8700 mit bis zu 400 PS.

170 Seiten, 420 Abbildungen
28 x 21 cm, fester Einband
978-3-86133-808-6 EUR 29,90

Ein Rückblick in die Welt der Sechszylindertraktoren der bekanntesten Hersteller aus den 60er, 70er und 80er Jahren.

170 Seiten, 450 Abbildungen
28 x 21 cm, fester Einband
978-3-86133-839-0 EUR 29,90

Hier geht es zur Sache mit Kranhaken, Mehrschalengreifern, Abrissbirnen, Schrottscheren und Baggern, Raupen, Radladern …

180 Seiten, 520 Abbildungen
28 x 21 cm, fester Einband
978-3-86133-492-7 EUR 29,90

Muldenkipper, Tieflader, Ladekranfahrzeuge, Geräteträger, Traktoren und Spezialfahrzeuge aller Art.

260 Seiten, 620 Abbildungen
28 x 21 cm, fester Einband
978-3-86133-826-0 EUR 39,90

Muldenkipper aller Art im Erd- und Tiefbau, umfassend erläutert. Mit einzigartigen Einsatz-Abbildungen.

192 Seiten, 405 Abbildungen
28 x 21 cm, fester Einband
978-3-86133-327-2 EUR 34,90

Wolfgang Weinbach präsentiert in diesem Buch abgeschlossene Autokran- und Schwerlast-Geschichten von vor rund 50 Jahren.

160 Seiten, 480 Abbildungen
28 x 21 cm, fester Einband
978-3-86133-831-4 EUR 29,90

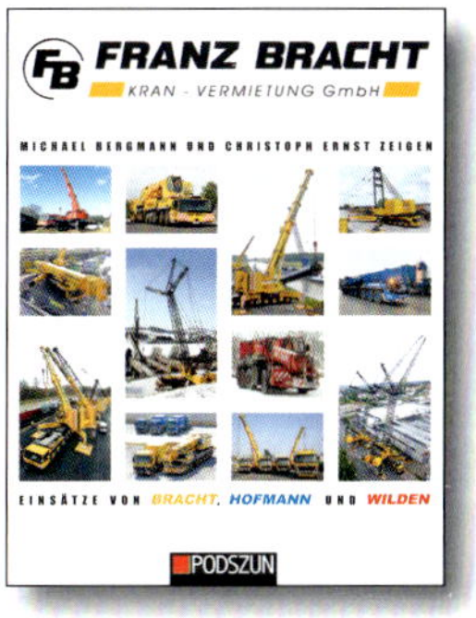

Eine gigantische Bilderschau über alltägliche und spektakuläre Einsätze von Bracht und den dazugehörenden Hofmann und Wilden.

320 Seiten, 790 Abbildungen
32 x 22 cm, fester Einband
978-3-86133-790-4 EUR 49,90

Im ersten Band werden die Krane vom AUK 40 bis zum LG 1150 präsentiert, gebaut von Anfang der 1950er bis Mitte der 1990er Jahre.

128 Seiten, 320 Abbildungen
28 x 21 cm, fester Einband
978-3-86133-810-9 EUR 24,90

Im zweiten Band geht es um die Krane vom LG 1180 bis zum LG 1650, gebaut von Anfang der 1970er bis Mitte der 1990er Jahre.

136 Seiten, 330 Abbildungen
28 x 21 cm, fester Einband
978-3-86133-813-0 EUR 24,90

Gottwald Krane der Reihen MK, AK, AMK bei Tests, auf Messen, bei Vorführungen und spektakulären Einsätzen.

160 Seiten, 580 Abbildungen
28 x 21 cm, fester Einband
978-3-86133-474-3 EUR 29,90

Auch im zweiten und dritten Band werden Gottwald Krane der Reihen MK, AK, AMK bei Tests, auf Messen, bei Vorführungen und spektakulären Einsätzen gezeigt und kenntnisreich kommentiert. Mit vielen bisher unveröffentlichten Abbildungen.

160 Seiten, 420 Abbildungen
28 x 21 cm, fester Einband
978-3-86133-811-6 EUR 29,90

160 Seiten, 440 Abbildungen
28 x 21 cm, fester Einband
978-3-86133-812-3 EUR 29,90